LE MINISTERE

DE MONSIEUR

DE CALONNE

DÉVOILÉ,

Avec les détails de ses intrigues & le nom de ses agens.

1789.

LE MINISTÈRE

DE MONSIEUR

DE CALONNE

DÉVOILÉ,

Avec le détail de ses intrigues & le nom de ses Agens.

TRADUIT à votre tribunal , peuple François, livré je ne dirai pas à votre récrimination , mais à votre justice , je ne ferai rien pour l'éluder; au contraire , je ferai tout pour l'éclairer & pour vous mettre à même de me bien juger.

Votre vengeance contre tout ces grands qui vous écrasoient de leur luxe, contre ces ministres qui vous suçoient pour alimenter leur soif dévorante de l'or , cette vengeance peu faite pour votre cœur , naturellement si sensible & si bon , a été assouvie par quelques têtes sacrifiées , & si la mienne avoit d'abord été désignée comme devant y être jointe , j'espere de ma confiance en vous , de ma sincérité à vous dévoiler mes fautes , & encore plus de votre bonté , de votre douceur naturelle , un pardon que votre justice ne pourroit pas m'accorder sans doute. Flesselles , Foulon , Bertier n'ont péri que parce que vous n'avez rien pu savoir d'eux; un aveu sincere & fidele de ma part semble devoir me promettre un sort plus doux.

O ! si j'étois livré à quelques-uns de vos parlemens, ma grace , où , j'ose le dire, ma justification même seroit assurée ; & quand je demande quelques-unes de ces cours souveraines pour juges , je n'entends pas parler de celles à qui j'ai donné des conseillers en payant leurs charges des deniers de l'Etat; je n'entends pas parler de celles que j'ai soutenues au moment de leur décadence, comme le parlement de Metz , qu'on a vu me fêter avec le maréchal de Broglio , après m'avoir flétri quelques années auparavant ; mais je demande la

(5)

justice de l'un d'eux indistinctement, fût-ce
même celui de Bretagne, à qui j'avois en-
voyé un bourreau pour un de leurs pa-
triarches, M. de la Chalottais. Son fils, fa-
crifiant fa propre caufe à l'intérêt de la
compagnie, qui périclite, feroit un de mes
défenfeurs.

Mais le puis-je efpérer ? Si j'arrivois en
France pieds & mains liés, la bourfe vuide
& fans crédit , fans doute, après avoir
épuifé toute confiance, j'aurois pour efpoir
celle que les parlemens auroient pu mettre
en moi pour les retenir dans leur chute; celle
des grands , pour foutenir leur puiffance
en fourniffant à leur luxe ; celle du clergé,
pour leur conferver des biens que dans
d'autres temps j'euffe voulu leur ôter ;
celle des agioteurs ou banquiers , pour fa-
vorifer leur commerce lucratif, en creant
des emprunts & en établiffant des compagnies : mais déjà parmi vous , peuple
François, les grands voudroient être petits,
le noble orgueilleux marche à quatre pattes
pour cacher fa tête profcrite ; déjà le clergé
eft prefque nu , dépouillé du refpect facré
qu'on lui portoit , & fur-tout de ces re-
venus qu'il prifoit bien davantage ; déjà
les parlemens font expirans, ils ne fortiront

jamais *de ce cul de sac* [comme l'a appellé un des membres de celui de Paris], *de ce cul de sac où ils se sont fourrés, bien étourdiment sans doute.* Enfin les banquiers n'ont plus rien à espérer de l'agio : dans un moment où la confiance publique est si foible qu'elle ne peut plus produire *de hausse* & *de baisse* , un seul mouvement la feroit expirer.

Ainsi , peuple François , pour lequel je n'ai jamais rien fait , contre lequel j'ai tout fait au contraire , ce n'est que de votre générosité que je peux attendre mon pardon. Je vais accuser mes fautes avec sincérité , avec contrition , par la crainte de la lanterne célebre , je l'avoue. . . . . Mais si une telle contrition , appellée imparfaite , suffit , avec la bénédiction d'un prêtre, pour la rémission de nos péchés envers Dieu , ne suffira-t-elle pas pour le pardon de mes crimes , accompagnée s'il le faut de quelques claques sur mon derriere , comme vous vous êtes plû à en appliquer sur celui de cette belle dame qui , bonne catholique sans doute , haïssoit les hérétiques , & sur celui de ce pauvre abbé , bête , bavard comme tous ses camarades. . . . . Oh ! je vais tout avouer ; & puissai-je n'être que feſſé , ... feſſé juſqu'au ſang s'il le faut : c'eſt un chatouillement auquel je ſuis habitué , il m'eſt auſſi néceſſaire que le tabac pour me faire éternuer.

Un grand raiſonneur a dit que nous apportions avec nous les diſpoſitions à nos travaux & à nos plaiſirs , à ce qui devoit faire nos occupations pendant la vie , & dès le bas âge les miennes ont percé ; vif , enjoué , mais adroit & ruſé , tous les jouets de mon âge étoient de mon goût , & j'en avois toujours en quantité , ſachant les enlever ou mieux me les faire donner. Me déplaiſoient-ils ? je les diſtribuois avec généroſité pour me faire des amis & des appuis dans les nouvelles demandes que ſollicitoit mon goût changeant , le deſir inſatiable de poſſéder.

Frappé de ces remarques , mon pere , tirant un jour mon horoſcope , dit *que je ſerois par la ſuite bien riche* , *ou que je ſerois pendu*. A-t-il vraiment dit *ou*? a-t-il dit au contraire ε τ? J'étois trop jeune alors pour pouvoir m'en rappeler d'une maniere bien certaine. La premiere condition de la prophétie eſt remplie ; échapperai-je à la ſeconde ? ... Lanterne ! lanterne ! ...... fatale lanterne ! .. plus parlante qu'aucune

lanterne magique, dis moi : à quoi suis-je
destiné ?

Ma jeunesse s'est passée partagée entre
un peu d'étude & beaucoup de plaisirs.
Comme tous mes camarades, je fus libertin, mais chez vous, François, ce n'est
plus une honte. Jusqu'à vos pucelles se
moquent d'un novice, & brûlent pour des
vieillards de vingt ans, dont le front chauve
& la mine coulée attestent les travaux.

Dans cet âge de la volupté j'eus des
femmes que je ne payai pas. Depuis j'en
ai payé que je n'ai eu qu'à peine. Il y a
compensation.

Mais ces femmes, que je ne payois pas
& que je servois bien, me servirent à leur
tour. Par elles je fus bientôt dans les emplois & les charges. Long-temps je fus
borné à de légers grapillages par leur modicité ; ce ne fut qu'à l'intendance de Metz
où je commençai à dater dans le monde.
Je n'imaginai rien dans le système de tous
les intendans ; mais j'en tirai si bon parti
qu'enfin le parlement se fâcha ou parut
s'en fâcher ; car le vrai sujet des admonitions, des arrêtés flétrissans dont Messieurs
voulurent m'entacher, étoit la sorte de
préférence que je témoignois à l'épée sur

la robe. Ils m'en ont bien dédommagé le
14 septembre 1785, par la réception qu'ils
me firent, ainsi qu'au maréchal de Broglio.
Matte, la fameuse *Matte* s'ébranla pour
cette belle fête. Elle sonna, par arrêt du
parlement, & cet arrêt fut le premier effet
de sa réintégration.

Cependant mon administration, quelque
sage qu'elle eût été, n'offrit pas une balance
exacte entre ma recette & ma dépense. Je
devois de grandes sommes quand je fus
appellé au ministere; les accuserai-je ? Elles
sont acquittées, peuples François, en
honnête homme, ça été ma premiere con-
sidération quand j'ai entré au contrôle
général, & ce ne fut pas de l'argent du
trésor royal que je payai; comme il lui est
arrivé souvent depuis, il étoit à sec alors :
mais ce fut la nouvelle compagnie des
Indes qui me mit bientôt à même de faire
honneur à mes affaires.

Je partageai avec vous les millions dont
elle paya son privilege ; mais ce qui m'en-
richit ce fut le commerce de ses actions,
commerce fort innocent, qui valut à l'abbé
d'Espagnac, prêtre, chanoine de l'église
de Paris, prédicateur, homme de lettre,
&c. une petite fortune de 1,800,000 liv. ,

& comme mon agent il n'avoit que cinq pour cent dans le bénéfice.... O ! cette compagnie des Indes fut pour moi un nouveau pactole qui, au milieu des flots d'or dont il m'inondoit, m'apportoit chaque jour quelques présens rares. C'étoit un beau jet mâle payé mille piastres à Malac, & qu'on avoit destiné à porter mon bec de corbin, attribut de ma place. C'étoit du thé dérobé tout exprès à l'empereur de Chine, & dont des caisses pleines occupoient tout mon office. C'étoient des mousselines fabriquées dans l'eau sur les bords du Gange, & dont une piece très-grande se logeoit dans une bomboniere. C'étoit la fameuse confiture de Yenseing, le restaurant de la Chine, &c. &c.... sans parler des remercîmens, des cajoleries, des faveurs que m'attiroit une place de capitaine, donné au fils de l'intendant de la duchesse, pour solde de tout compte : un brevet de lieutenant à un jeune étourdi trop aimable, qui contrebalançoit mes tentatives auprès d'une grisette, sa cousine, &c. &c.

Cependant les administrateurs de la compagnie des Indes, enrichis avec moi par l'agiotage des actions, en banquiers adroits ne risquoient pas leurs fonds pour la hausse.

C'étoit leur économie dans les armemens, qu'ils pouffoient jufqu'à refufer les vivres néceffaires aux équipages. Les appointemens modiques, leur vigilance maltotiere à empêcher ce que l'on appelle pacotille, qui infpiroit la confiance au retour des vaiffeaux, par les dividendes exceffifs réfultans de chaque armement.

De toutes parts des plaintes m'étoient adreffées par des chambres de commerce jaloufes, & des requêtes par des officiers dont on avoit confifqué les pacotilles. Pour en modérer l'affluence je m'étois vu obligé d'impofer à toute réclamation un droit d'entrée dans mes bureaux proportionné à l'importance de l'objet. C'eft ainfi que Bordeaux, Marfeilles, Nantes, Saint-Malo, le Havre, &c. fe font confommés en rétribution à mon cabinet, & ont fini par fe taire; c'eft ainfi que tous les officiers, mécontens du traitement modique que leurs faifoient les adminiftrateurs, après avoir diftribué à mes commis & à mes laquais les bénéfices de leur voyage, vuidoient enfin mes antichambres & fe rembarquoient en filence.

Mais en même-temps que fe marchandoient les actions de la compagnie des

Indes, celles de la caiſſe d'eſcompte, de la banque de Saint-Charles, des Perrier, pour les eaux de la pompe à feu, hauſſoient & baiſſoient au gré de ma baguette magique, qui régloit tout à la bourſe, au camp Tar-tare, dans les cafés, dans les clubs, au muſée, &c. &c. tous rendez-vous de ban-quiers & de brocanteurs.

Tantôt c'étoient les adminiſtrateurs de la caiſſe d'eſcompte qui députoient vers moi, effrayés de la baiſſe de leurs actions; tantôt c'étoient ceux de la banque de Saint-Charles qui m'apportoient une partie de leur béné-fice. Enſuite venoient les Perrier tout effrayés du mécontentement du public, dont les voies étoient interrompues pour la ré-paration des tuyaux de bois ſans ceſſe, ou qui, ſe plaignant du puiſard croupiſſant & infect où la pompe étoit plongée, ne vou-loit point d'eau... De l'argent, Meſſieurs leur répondois-je, & tout ira bien; & tout alloit bien en effet. Je recevais à ſceaux pleins, & je diſtribuais à poignée.

Auſſi jamais la cour de France ne fut plus brillante & en apparat & en fêtes. Jamais les arts n'eurent plus d'éclat qu'aux premiers jours de mon adminiſtration. Vous me devez cette juſtice, peuple François.

Votre reine acquit en propre S. Cloud
& y fit des embelliffemens & des ammeu-
blemens fuperbes. Trianon devint le temple
du goût & de la volupté; fes jardins offri-
rent les plaines & les collines de l'Eden par
les plaifirs qui s'y célébrerent. Le comte
d'Artois embellit Bagatelle, il monta fes
écuries & paya une grande partie de fes
dettes. La ducheffe de Polignac te donna
de la fortune à elle & à tous fes alentours.
Le prince de Condé, le prince de Conti,
les ducs, les marquis, tous, jufqu'à leurs
valets, fe reffentirent de mes largeffes.

Ce fut dans ces temps heureux qu'on
vit s'élever les ballons, qui ruinerent, il eft
vrai, quelques phyficiens, & qui cafferent
le cou à quelques autres, mais qui
égayoient Paris par les chanfons qu'ils
excitoient. Eh ! qui ne rit pas encore
du balon abimé, anagramme fi heureufe
du nom de l'abbé Miaulan, &c. &c.

L'invention aëroftatique fourniffoit les
plus beaux rêves aux imaginations pari-
fiennes, mais elle leur plaifoit beaucoup
par l'efpoir de rendre inutiles ces longs
murs que je n'avois pu refufer aux fermiers
généraux, qui avoient faits des facrifices

pour donner ce degré de perfection à leur adminiſtration de Paris.

Du reſte, un architecte, que j'avois chargé de l'exécution, plein de génie comme de probité, eſtimable à tous égards, & ſurtout par la peine qu'il a eue à faire ſon chemin, & les deboires qu'il a ſurmontés pour parvenir; M. le Doux s'étoit chargé de faire diſparoître la monotonie de cette muraille par la varieté des édifices qui en marquent les portes. En effet, ici (1) c'eſt un colombier de groteſque ſtructure; là (2) c'eſt une maiſon ouverte à tout vent; ailleurs c'eſt un temple, une grotte, une niche (3), &c. Par-tout ce ſont des colonnes & des colonnes finies à moitié ; par-tout ce ſont des maſſes énormes de pierres anguleuſes, des trous noires, d'un aſpect effrayant, qui annoncent aux étrangers l'entrée d'une ville où regnent l'aménité, la douceur, les plaiſirs & la liberté.

Ces bâtimens ont failli ruiner le tréſor royal, comme les projets du même architecte ont dérangé les affaires de madame

---

(1) La barriere de Saint-Martin.
(2) La barriere Saint-Denis.
(3) La barriere de la Conférence, &c. &c.

de Teluffon , celles du comte d'Uzès , &c. Auſſi M. Necker a-t-il fini par l'expulſer. Mais il fait graver l'œuvre qu'on n'a pas voulu lui laiſſer achever , ſous le titre faſtueux de *Propilées* de Paris. Il fait bien s'il veut les faire paſſer à la poſtérité, car pluſieurs ſont déjà brûlées & démolies.

O François! ces nouvelles barrieres ont été une de mes fautes les plus graves, ainſi que le choix de l'homme que j'avois chargé de les faire conſtruire. Elles ont été comme la cauſe du deſſillement de vos yeux, & celle de la ſecouſſe de vos chaînes, dont le poids augmenté vous a fait mieux ſentir la fatigue.

Cependant leur dépenſe, & l'exigence des droits qu'elles annonçoient, n'étoient rien en comparaiſon des dépenſes qu'entraînoient journellement mes prodigalités à tous ceux dont je ſavois avoir beſoin pour me ſoutenir en place; elles n'étoient rien miſes en comparaiſon avec les nouveaux impôts que je prévoyois devenir néceſſaires pour la ſuite.

Une nouvelle compagnie des aſſurances me paya des pots-de-vins ; elle étoit inutile, elle ne devoit apporter aucune richeſſe au public, mais elle fourniſſoit un nouvel aliment à l'agiotage, je la protegeai.

Il en étoit de même des canaux que différentes compagnies propoſoient d'ouvrir dans les provinces, je les protégai encore !

Le jeu de la hauſſe & de la baiſſe ranime la circulation des eſpeces. L'abbé d'Eſpagnac s'y ruine. Il crie à tue tête ; & au moment où l'on commençoit de couler encore dans mes coffres, on m'accuſe de favoriſer l'agiotage. Pour me diſculper je fais des diſpoſitions pour l'arrêter, j'obtiens un arrêt du conſeil qui les confirme, & qui ordonne aux agens de change, ſous peine d'amendes & d'interdiction, de tenir un regiſtre exact, & de ſigner les marchés. Je fais nommer en même-temps des gens ſûr comme *Fleſſelles, le Noir, Thiroux, de Croſne, Vidaud de la Tour*, &c. pour connoître de tous les débats à ce ſujet. L'orage ainſi conjuré, je profite d'un moment de calme pour terminer avec Lebrun, cet artiſte célebre en plus d'un genre. Ma petite galanterie de trois cents piſtaches empapillotées dans des billets noirs de la caiſſe d'eſcompte, & la bombonniere pleine de louis neufs, avoient préparé les voies.

Moulin-Joli

Moulin-Joli que j'achetai pour elle fut la derniere clause du marché.

Mais, occupé de mes plaisirs, je n'oubliai pas ma puissance. J'eus l'adresse de faire accepter au roi pour le dauphin, un tirage de huit chevaux de Sibérie de trois pieds de haut, & un cheval de selle de même espece. Cet équipage dressé dans le mystere & qui me coûta plus de 50,000 écus avec les frais pour dresser les chevaux, fit plaisir au roi, & me mit mieux que jamais dans l'esprit de la Reine dont je touchois au moment de ne pouvoir plus remplir les demandes sans des expédiens.

Et ces expédiens, peuple François, c'étoient des emprunts que j'ose à peine citer. L'intérêt excessif par lequel j'amorçai tels prêteurs, indiquoit le besoin pressant où étoit le trésor royal. Tous ceux qui parmi vous vouloient, penser trembloient pour les conséquences, mais s'ils avoient de l'argent ils ne voyoient bientôt que l'avantage du placement, & tout en gémissant sur les contribuables qui par des impôts devoient payer ces intérêts si forts, ils vouloient y avoir part, ils m'apportoient leur argent

Les protestans se présenterent bientôt

appuyés par un intriguant , un ambitieux qui se cachoit & qu'il m'importoit peu de connoître ; Ils demandoient une existence civile. Le moment étoit opportun. Je venois de publier que les coffres étoient pleins ; ils réaliserent mon assertion. Les clauses principales de leur légitimation furent des millions , & ces clauses ne devinrent pas publiques. Aussi vous tous, François, vous exaltiez le motif d'un acte si humain, si juste. Vous ignoriez que depuis du temps il n'avoit tenu qu'à ceux qui le sollicitoient & qui marchandoient en même-temps , car jamais baptême ne coûta si cher au plus riche d'entre vous.

Les *zelanti* du clergé, occupés à gémir au pied des autels , ne me gênerent pas beaucoup. Quelques confesseurs se glissant par les consciences essayerent de pénétrer mon opération pour la ruiner. Mais si toutes les portes s'ouvrent à la clef d'or , toutes se ferment aussi avec le même métal. Les mains remplies tout autour de moi firent taire les bouches. On ne sut , on ne dit que ce que je voulus qu'on dise.

Cet argent des hérétiques n'ayant pas plus que le nôtre la propriété de se multiplier, confondu avec le prêt auquel j'avois forcé la caisse d'escompte, en les menaçant d'une autre compagnie prête à la remplacer avec les fonds des hôpitaux, avec les trésors que les recettes journalieres versoient dans les coffres de l'Etat, devoit bientôt être dissipé ; je sentis que, pour fournir à mes largesses devenues plus que jamais indispensables à l'approche d'une crise violente, pour soutenir le luxe de ma maison dont les déjeûnés étoient bien supérieurs à ceux de Me. La Reyniere, les dîners bien plus somptueux que ne le furent jamais ceux des empereurs de Rome, & les soupers plus fins que tous ceux qu'on a jamais cités en France ; enfin, pour faire face aux dépenses excessives des premiers de la cour & de mes maîtresses, je sentis qu'il me falloit quelque chose de solide. Entouré de mes amis, mes conseils *le Noir*, chargé des affaires contentieuses, *le Hoc*, secrétaire général, *Bernard* mon ami particulier, *Veymeranges* mon bras droit, & qui, à ce titre, grapilloit un peu fort, témoin le comte de Senef (1). Ainsi réunis,

---

(1) Le comte de Senef, visant à l'agrément de la charge de trésorier des parties casuelles, qu'il avoit envie d'acheter de M. Bertin, avoit eu

nous avisâmes à quelque grande opération dont l'effet soutenu pût fournir à la bouche dévorante de la dette de l'Etat & aux prodigalités, aux déprédations, sans lesquelles personne *n'eût pu faire ſes affaires.*

Mais les parlemens, récalcitrans au possible, ne vouloient plus entendre parler ni d'emprunts ni d'impôts. Il eſt arrêté dans notre comité particulier que je paroîtrai occupé à rendre des comptes & que je mettrai ſous les yeux du roi des projets d'impoſition. Ces projets enfantés par la néceſſité & rédigés par la ſoif de l'or, ſont goûtés par le roi & les princes à qui il falloit de l'argent ; ils déplaiſent à quelques ſeigneurs de la cour parce qu'ils tendent à

---

recours à M. Veymeranges. Celui-ci lui fait entendre que c'eſt on ne peut plus facile par l'entremiſe de madame Fouquet, niece du contrôleur-général, mais qui exige 50,000 écus de pot de vin ; le comte de Senef y conſent & les donne. Une viſite, qu'il fait à la dame, & qui eſt reçue d'une maniere équivoque, le mécontente ; il en parle à un ami qui éclaircit le myſtere. Il eſt reconnu que c'eſt Veyemeranges qui a pris les 50,000 écus. Cependant le contrôleur, ayant beſoin de lui dans le moment, obtient du roi qu'il ne ſoit pas chaſſé, & de l'employer encore, &c.

les faire contribuer à la charge de l'état. J'obtiens du roi une assemblée des notables pour les examiner & les faire adopter de la nation.

C'est ici , François , l'époque de mes plus grands efforts dans l'art d'intriguer, c'est le moment où il me faut montrer plus de talens pour choisir mes agens , pour faire taire les riches que je vais opprimer , & les prêtres que je vais dépouiller. Non, personne de vous n'appréciera ce que m'a coûté cette assemblée de veilles & de sa- crifices , de prieres & de largesses, de quo- libets & d'injures.

A peine le roi a-t-il annoncé qu'il s'est déterminé à assembler les notables de son Royaume pour consulter avec eux les grands intérêts de la nation, que des re- proches ameres & de blâme m'accablent de la part des esprits froids. De Verg. me reproche de couvrir la France du dernier ridicule & d'effacer l'éclat dont venoit de la faire briller la derniere guerre. Entre tous ceux qui me tenoient pareil langage, j'aurois pu le faire taire en lui répondant qu'il falloit bien aviser de belle heure à remplir nos cottres publics, avant que son traité de commerce avec l'Angleterre eût vidé les bourfes particulieres.

D'autres faifoient fondre fur moi les traits aigus de l'épigramme, de la fatyre, & ils m'accabloient de plaifanteries, de jeux de mots, de calembours. Dans une fable intitulée *le Fermier*, & où l'on peint le roi affemblant fes notables, on me fait le batteur en grange dit *Paillardin*, confeil & favori du fermier D. *Jérôme Ruftaud.*

Cependant, ferme contre l'orage, je fais mettre au rang des notables le plus grand nombre poffible ou des princes que j'ai obligés, ou des grands que j'ai fait, ou des magiftrats que j'ai foudoyés : le *comte d'Artois*, qui m'avoit toujours trouvé difpofé à fournir à fes diffipations ; le *duc de Penthievre*, prince mol, auprès duquel il me fuffifoit de placer moi-même un confeil ; *l'archevêque de Paris*, pauvre homme, incapable d'avoir un fentiment à lui fur une affaire comme celle là, trop forte pour fa petite tête ; l'archevêque de Rheims, pauvre homme encore à qui un certain abbé *Arnoud* venoit d'enlever une fille & beaucoup d'argent ; *l'évêque* de Bordeaux, tout dévoué à la cour & fur lequel je pouvois compter ; les évêques de *Nanci*, de

Nevers, *de Rhodes*, *de Langres*, &c., tous gens foibles, sans caractere & courtisans vendus ; enfin des ducs & pairs, parmi lesquels je semai des pensions, comme au duc de *Chabot* qui m'en demandoit depuis bien du temps ; des nobles à qui je fis la leçon, & d'autres qui, venant me demander de se trouver sur la liste, payerent ma complaisance de leur parole de m'être tout dévoués ; mon ami *le Noir* n'y fut point oublié, mais ce ne fut pas sans peine que je le fourrai. Dans les robins je trouvai peu de créatures, j'y vis même des ennemis implacables, *d'Aligre*, *le Berthin*, *de Catuëlas*, *de Caradeuc*, *Nicolai*, *l'abbé de la Fare*, &c. &c. Des maires enfin ou sans foi, ou payés pour se taire.

C'est ainsi que je composai, vaille que vaille, une assemblée sur laquelle j'avois autrement compté ; & ce ne fut pas sans inquiétude, sans crainte que je me préparai à lui soumettre mes nouveaux plans.

J'aurois dû le prévoir ; mon parti trop foible ne put se soutenir. Après des débats, que je suai sang & eau à entretenir & à me rendre favorables, mes projets furent renversés & ma disgrace suivit de près.

Malheureusement pour moi que dans le même temps il se perdoit sur les côtes de Lisbonne un vaisseau de la compagnie des Indes, nommé *le Calonne*. Cet événement & ma disgrace donnerent lieu à cette plaisanterie.

« On apprend de Versailles que le na-
» vire *l'Agioteur*, commandé par le sémil-
» lant *Calonne*, venant de la Côte d'Or &
» du Pégu, chargé de riches bagatelles
» d'un très-grand prix, a échoué au cap
» *de Bonne - Espérance* par un coup de
» vent furieux, &c. &c. &c. »

Cette méchanceté fut suivie de mille autres qui venoient redoubler les angoisses où m'avoit mis un certain Breton de Ker-salaïn, à qui je fis prudemment enlever, par un ordre du roi, un mémoire qu'il préparoit contre mon discours, & le comte de Mirabeau à qui j'avois donné 25,000 l. pour écrire coutre l'agiotage, & qui ne m'avoit pas épargné ; enfin un évêque de Narbonne, un de Noailles qui avoit dit qu'il eût voulu *que l'auteur du projet des murs de Paris eût été pendu*, le duc d'Orléans, un abbé Beaudeau, &c.

Enfin je fus bientôt exilé à Berni, & je

(25)

reconnus dans l'ordre du roi la bonté qu'il conservoit pour moi.

Cependant on proposa bientôt de faire mon procès, & je ne vis plus de sûreté contre mes ennemis, que dans ma retraite en pays étranger.

Je vendis mes biens que, dans la disgrace où j'étois tombé, on auroit bien pu confisquer, & c'est en Angleterre, peuple François, que j'ai fait des efforts pour me justifier. Je dois l'avouer aujourd'hui, mes moyens étoient peu solides, ils n'étoient qu'insidieux. Je le sentois si bien que pendant que je semblois réclamer votre justice pour éclairer ma cause, je passai en France, je séjournai deux jours dans la capitale, mais dans le plus parfait *incognito*. Depuis j'ai osé écrire à votre roi pour l'avertir du progrès que la liberté faisoit contre son autorité. Le despotisme confondu dans mon esprit avec la monarchie, & comme il l'étoit dans celui de tous vos aristocrates, avoit dicté cette lettre. . . .

De tous ces crimes, ces malversations que je viens d'avouer & que je n'ai pas détaillées davantage dans la crainte qu'on ne voulût pas les lire (un livre de plus de deux feuilles d'impression n'étant plus ouvert en France) ; de tout ce que vous pouvez me reprocher , & que je suis prêt à avouer au premier interrogatoire , je vous demande pardon : au nom de ma franchise , préservez-moi de la *lanterne* , & je vous dirai combien j'ai donné de millions pour les plaisirs de la reine , combien pour les besoins de l'empereur , combien pour les créanciers du comte d'Artois , combien enfin pour les bonnes graces de toute la cour & les faveurs de toutes mes maîtresses connues , la princesse de Ro.c , la duchesse de L..yn.s , la comtesse du B..rry , madame Boul..gn. de La..l , la Lebrun , la Contat , &c. &c. , & toutes celles que vous avez ignorées , & qui m'ont coûté moins d'or peut-être , mais plus de crimes.... Bertier , Foulon offroient des louis à milliers pour leur salut , moi je vous offre les millions que je possede en Angleterre & l'indice des lieux où j'en ai semé en France... Ah ! de grace , ne me pendez pas , François généreux , je vous éclairerai bien mieux sur les forfaits que vous avez à punir , je vous éclairerai bien mieux debout sur mes pieds qu'élevé à cette fameuse potence , l'effroi des princes , de tous les nobles , de tous les traitres. Je dirai tout & je vous apprendrai des choses........

. . . . *Ici le manuscrit mouillé étoit illisible. Les caractères effacés annonçoient qu'il y avoit encore beaucoup de choses d'écrites sans les laisser deviner. On déchiffroit ces noms :* D'ARTOIS, NECKER, MONSIEUR , CONDÉ , POLIGNAC , CONTI, LE ROI & quelques autres fort indifférens , puisqu'on ne pouvoit rien apprendre de ce qu'on en disoit.